AF232984

TRAITÉ

DU

MOUVEMENT DE L'EAU

DANS

LES TUYAUX DE CONDUITE.

STRASBOURG, DE L'IMPRIMERIE DE F. G. LEVRAULT.

TRAITÉ

DU

MOUVEMENT DE L'EAU

DANS

LES TUYAUX DE CONDUITE,

A L'USAGE

DES INGÉNIEURS ET ARCHITECTES;

PAR

M. D'AUBUISSON DE VOISINS,

INGÉNIEUR EN CHEF AU CORPS ROYAL DES MINES, CORRESPONDANT DE
L'INSTITUT DE FRANCE, ETC.

PARIS,

Chez F. G. LEVRAULT, rue de la Harpe, n.° 81;
et rue des Juifs, n.° 33, à STRASBOURG.

1827.

A Monsieur

Baron de Montbel,

Maire de Toulouse.

Monsieur,

Témoin de l'étude suivie que vous faites
des diverses parties de l'établissement de nos
fontaines, établissement dont vous vous êtes
réservé la haute-direction, et qui va changer
notre cité, sous le rapport si important de
la propreté, j'aurais voulu pouvoir vous

indiquer un ouvrage élémentaire propre à donner une pleine intelligence de la partie mathématique de la distribution des eaux, et qui pût mettre à même de résoudre, par un calcul immédiat, les divers cas qui se présentent dans cette distribution. A défaut d'un tel ouvrage, j'ai composé, pour votre usage, ce petit Traité du mouvement de l'eau dans les tuyaux de conduite, objet qui m'avait occupé d'une manière particulière depuis quelques années.

En le rédigeant, j'ai continuellement pensé que je m'adressais à une personne à laquelle presque aucune des connaissances humaines n'est étrangère, et qui a fait, dans sa jeunesse, une étude spéciale des mathématiques ; mais qui, n'étant plus aujourd'hui maîtresse de son temps, ne saurait en donner à des digressions scientifiques. Je suis donc allé au but utile le plus directement possible et par la voie la plus simple, me bornant à rappeler ou à poser les faits et les principes, et à déduire les formules qui en sont les conséquences.

Ce traité m'a paru pouvoir encore servir à tous ceux qui auraient des conduites à établir, et je l'ai publié. Il n'exigera guère d'eux que les premières notions de l'algèbre ordinaire et un peu de réflexion. Les exemples mis à la fin leur montreront la manière dont les formules doivent être appliquées, et l'usage des logarithmes leur rendra cette application facile.

En vous priant d'agréer mon ouvrage,

je vous réitère l'assurance et de la vive
satisfaction que j'éprouve en vous voyant
à la tête de notre administration munici-
pale, et de la haute estime avec laquelle
j'ai l'honneur d'être,

Monsieur,

Votre très-humble et très-obéïssant
serviteur,

D'Aubuisson de Voisins,
Membre du Conseil municipal.

Toulouse, le 1ᵉʳ. Mai 1827.

TRAITÉ

DU

MOUVEMENT DE L'EAU

DANS

LES TUYAUX DE CONDUITE.

PRÉLIMINAIRES.

De l'écoulement de l'eau par un orifice (sans conduite).

Vitesse de sortie.

1. Si, sur les parois d'un vase ou réservoir plein d'eau, on perce un orifice, le fluide en sortira avec une vitesse égale à celle qu'un corps aurait acquise en tombant librement de la hauteur comprise entre l'orifice et le niveau de l'eau dans le réservoir. C'est un fait d'expérience.

Soit :

H cette hauteur ;

V la vitesse du fluide à sa sortie [1];

g l'action de la gravité $= 9^{m}8088.$ [2]

On aura, d'après les principes de la chute des graves [3],

$$V = \sqrt{2\,g\,H} \quad \text{ou} \quad V = 4^{m}43 \sqrt{H}$$

LEMMES.

1. Nous rappellerons que la vitesse d'un corps, dans un instant quelconque de son mouvement, est représentée par l'espace que parcourrait, en une seconde de temps, ce corps, s'il était doué constamment et uniformément, pendant cette seconde, de la vitesse qu'il a au moment où on le considère.

2. Lorsqu'un corps est tombé d'une certaine hauteur en un certain temps, abstraction faite de la résistance de l'air, si la pesanteur ou gravité venait à cesser d'agir sur lui, il continuerait à descendre, mais d'un mouvement uniforme, et il parcourrait alors, dans le même temps, un espace double de la hauteur dont il était déjà tombé; l'espace qu'il aurait ainsi parcouru uniformément en une seconde serait sa vitesse acquise. L'expérience a appris qu'un grave ou corps pesant tombe de $4^{m}9044$ en une seconde dans nos latitudes moyennes; durant la seconde suivante, il parcourrait donc uniformément $9^{m}8088$. Cette vitesse, $9^{m}8088$, que la *gravité* communique à un corps au bout de la première seconde de sa chute, est prise pour représenter l'action de cette force, et est communément désignée par sa lettre initiale g.

3. Les deux principes fondamentaux de la chute des graves et du mouvement uniformément accéléré en général sont,

1.° Les vitesses acquises sont comme les temps employés à les acquérir.

Dépense théorique.

2. Soit encore,
S la section ou aire de l'orifice,
Q la quantité, ou volume d'eau, écoulée

Donc, si on appelle v une vitesse correspondante à un temps t, puisque g est la vitesse qui correspond à $1''$, on aura :

$$v : g :: t : 1'' \text{ ou } v = gt.$$

2.° Les espaces parcourus ou les hauteurs des chutes sont comme les carrés des temps employés à les parcourir.

Ainsi, si h est la hauteur dont un corps est tombé dans le temps t, $\frac{1}{2} g$ étant la hauteur correspondante à $1''$, on aura :

$$h : \tfrac{1}{2} g :: t^2 : (1'')^2, \text{ ou } h = \frac{g t^2}{2}.$$

La valeur de t, prise de cette dernière équation et substituée dans la première, donne

$$v = \sqrt{2\,g\,h}, \text{ et } h = \frac{v^2}{2g},$$

ou, en mettant pour g sa valeur numérique,

$$v = 4^{\mathrm{m}}429 \sqrt{h}, \text{ et } h = 0^{\mathrm{m}}05097\, v^2,$$

formules dont nous ferons un très-fréquent usage dans ce traité, et que j'ai cru, en conséquence, devoir rappeler en commençant.

Elles indiquent que les *vîtesses sont comme les racines carrées des hauteurs*. On dit que v *est la vîtesse due à la hauteur* h, et que h *est la hauteur due à la vîtesse* v. Ces trois manières de s'exprimer sont très-usitées en hydraulique.

en une seconde ; c'est ce qu'on nomme la *dépense* de l'orifice.

Ce volume sera évidemment celui d'un prisme qui aurait S pour base et V pour hauteur, ainsi :

$$Q = SV = 4^m 43\ S\sqrt{H}\ \text{mèt. cub.}$$

Si l'orifice était circulaire, d étant son diamètre, on aurait $S = 0{,}785\ d^2$, et

$$Q = 3{,}48\ d^2\ \sqrt{H}\ \text{mèt. cub.}$$

Telle est la dépense théorique.

Dépense réelle et contraction de la veine.

3. Mais la dépense réelle est moindre. La veine fluide, à sa sortie de l'orifice, se contracte, et il en résulte une diminution dans le produit de l'écoulement.

Si l'orifice est percé dans une mince paroi, d'après de nombreuses expériences, la dépense théorique sera à la dépense réelle comme 100 à 62. Il faudra donc multiplier la première par 0,62 pour avoir la seconde. Ce multiplicateur est, pour ce cas, le *coefficient de contraction de la veine fluide.*

Il sera 0,82, si l'écoulement se fait par un petit ajutage cylindrique.

Si l'ajutage est conique, il variera de 0,85 à 0,95, suivant le degré d'évasement.

Enfin, il différera peu de l'unité, c'est-à-dire, qu'il n'y aura pas de contraction sensible, si l'ajutage a la forme de la veine contractée. Cette forme est à très-peu près un tronc de cône, dont les deux bases sont comme 100 à 62, ou leurs deux diamètres comme 5 à 4, et dont la hauteur est un peu plus de la moitié du grand diamètre.

4. Désignons par m le coefficient de contraction en général, Q étant maintenant la dépense réelle, on aura :

$$Q = m\, SV = 3{,}48\ d^2\, m\, \sqrt{H}.$$

Auquel des deux facteurs de la dépense, l'aire de l'orifice ou la vîtesse, doit-on imputer la diminution de dépense occasionée par la contraction ? Ordinairement on l'impute à la vîtesse. Quoique cela se puisse, en prenant toujours la vîtesse telle qu'elle est vis-à-vis l'orifice réel, il y a cependant une observation importante à faire. Lorsque l'orifice est percé en mince paroi, l'écoulement a exactement lieu comme s'il se faisait par la petite base du tronc de cône que présente la veine contractée : l'eau sort du vase, et coule dans l'atmosphère avec toute la vîtesse due à la hauteur du fluide dans ce vase : ainsi, dans ce cas, la diminution de dépense provient d'un rétrécissement de l'ouverture; c'est un orifice plus petit qui se trouve, par le fait, substitué à l'orifice réel. Mais il n'en est pas de même, lorsque l'écoulement se fait par un tuyau additionnel; la vîtesse de sortie est alors moindre que celle due à la hauteur de l'eau, et cela dans le rapport indiqué par le coefficient de contraction.

5. Dans l'Art du fontainier, les dépenses s'expriment en *pouces d'eau,* que M. de Prony désigne sous le nom de *doubles-modules* d'eau. Le pouce, tel que le prend cet auteur et tel que nous l'admettons ici, serait le produit d'un tuyau de fontaine versant 20 mètres cubes d'eau en vingt-quatre heures, et par conséquent 0,0002315 mètre cube en une seconde. Ainsi, pour donner un mètre cube dans ce temps, il faudrait 4320 pouces. D'après cela, pour obtenir les dépenses en pouces, il suffira de multiplier celles que nous avons déjà trouvées en mètres cubes, par 4320, et nous aurons finalement :

$$Q = 15028 \, m \, d^2 \, \sqrt{H} \text{ pouces d'eau.}$$

Cette équation servira à déterminer une quelconque des trois quantités Q, d et H par la connaissance des deux autres et de m.

DU MOUVEMENT DANS LES CONDUITES.

1. *Conduite simple.*

De la résistance des conduites.

6. Supposons qu'à un réservoir plein d'eau on ait adapté une conduite rectiligne, ayant partout même diamètre et entièrement ouverte à son extrémité : c'est ce que nous entendons ici par conduite simple.

La hauteur de l'eau dans le réservoir au-dessus du centre de l'orifice de sortie est appelée la *charge de la conduite* : dans le cas où l'orifice plongerait dans l'eau, la charge serait la distance verticale entre le niveau de l'eau sur la *tête d'entrée* de la conduite, et le niveau sur la *tête de sortie*. La charge serait la hauteur due à la vîtesse de l'eau à l'orifice, si la conduite n'opposait aucune résistance au mouvement du fluide.

Mais il n'en est pas ainsi : la résistance que ce fluide y éprouve absorbe une portion de la charge ou force qui tendait à le mouvoir, et le mouvement n'a plus lieu qu'en vertu de la portion restante. Soit h cette portion et H la charge entière ; $H - h$ sera la partie détruite par la résistance : elle en mesurera l'effet.

Nature de la résistance.

7. Cette résistance provient de l'action des parois de la conduite sur le fluide. La couche d'eau qui est immédiatement en contact avec ces parois, y frotte, y adhère, et son mouvement en est retardé. Par suite de l'adhérence des molécules fluides entre elles, ce retard, tout en diminuant graduellement, se communique de proche en proche aux couches adjacentes, jusqu'au filet central : la masse prend en conséquence une vîtesse moyenne moindre que celle qu'elle eût eue sans ce frottement et cette double adhérence, et la dépense en est diminuée.

Lois de la résistance.

8. La résistance, étant produite par l'action des parois, sera naturellement d'autant plus grande que ces parois seront plus étendues en surface, c'est-à-dire que la conduite sera plus longue et d'un plus grand pourtour ou diamètre. D'un autre côté, plus le diamètre sera grand, ou, plus exactement, plus la section (aire de la section) sera grande, et plus le retard venant des parois se répartira entre un grand nombre de molécules fluides :

chacune, et par conséquent la masse totale, en sera moins retardée; de sorte que l'effet de la résistance sera en raison inverse de la section ou du carré du diamètre, les sections circulaires étant proportionnelles aux carrés des diamètres. Enfin, plus le fluide se mouvra vite, et plus il faudra, dans un même temps, arracher de molécules à l'adhérence des parois, et les en arracher plus promptement; la résistance croîtrait donc en raison doublée de la vitesse. Cependant, il n'en est pas exactement ainsi; les expériences et les conséquences que Coulomb a déduites de celles qu'il a exécutées à cet effet, prouvent que le rapport entre la résistance et la vitesse est composé de deux termes; l'un renferme la deuxième puissance de la vitesse et l'autre la première; mais ce dernier, prépondérant dans les vîtesses extrêmement petites, de quelques centimètres, diminue comparativement à l'autre à mesure que les vîtesses augmentent; et lorsqu'elles ont atteint la grandeur qu'elles ont habituellement dans les conduites, 4 ou 5 décimètres, il peut être négligé; alors la résistance est sensiblement proportionnelle au carré de la vîtesse. L'expérience a encore montré que la résistance est indépendante de la nature de la conduite ; qu'elle est la même dans des tuyaux de plomb, de fonte, de poterie ou de bois.

D'après cela, soit :

L la longueur d'une conduite ;

D son diamètre ;

V la vîtesse moyenne du fluide, lorsque son mouvement dans la conduite est parvenu à l'uniformité.

La résistance sera proportionnelle à

$$\frac{L D v^2}{D^2} \quad \text{ou} \quad \frac{L v^2}{D}.$$

Expression de la résistance.

9. Lorsqu'une quantité est proportionnelle à une autre, elle est aussi égale à cette autre multipliée par un facteur ou coefficient constant. Soit n ce coefficient, $H - h$ étant la résistance (n.° 6), on aura

$$H - h = n \frac{L v^2}{D}.$$

Il faut maintenant déterminer n.

Remarquons d'abord que h est la hauteur, ou portion de la charge en vertu de laquelle l'eau sort, ou en vertu de laquelle l'eau se meut dans la conduite ; puisque dans une conduite d'égal diamètre la vîtesse est partout la même, à son extrémité comme dans ses autres parties : ainsi h sera la hauteur due à la vîtesse v, et on aura $h = 0^m051\, v^2$ (n.° 1, note 3).

L'expression ci-dessus pourra donc être mise sous cette forme

$$H - 0{,}051\, v^2 = n\, \frac{L\, v^2}{D}.$$

La valeur de n devant toujours rester la même, quelles que soient celles de L, D, H et v, une seule expérience, faite avec grand soin, pourrait suffire à sa détermination : on prendrait une conduite dont la longueur et le diamètre seraient exactement connus; on jaugerait la quantité d'eau qu'elle dépense sous une charge constante et bien mesurée; on en déduirait le volume dépensé en une seconde, on le diviserait par la section de la conduite et l'on aurait la vîtesse. Les valeurs de L, D, H et v, ainsi déterminées, seraient mises dans l'équation ci-dessus; tout y étant alors connu, excepté n, on en déduirait la valeur. Parmi les expériences de Couplet sur les conduites du parc de Versailles, il en est une faite dans des circonstances favorables, et sur une fort grande échelle : on y a $L = 1169^m 42$, $D = 0^m 4873$, $H = 3^m 932$ et $v = 1^m 061$: ce qui donne $n = 0{,}001435$. On ne s'en est pas tenu à cette seule expérience; cinquante autres, faites par Couplet, Bossut et Dubuat, c'est-à-dire toutes celles faites par nos plus habiles hydrauliciens, ont donné un résultat moyen à très-peu près pareil, et nous l'adopterons.

Ainsi, la résistance due à l'action retardatrice des parois de la conduite, ou la portion de charge absorbée par cette résistance, sera exprimée par

$$0^m 001435 \frac{L}{D} v^2.$$

10. Pour expression générale, convenable aux plus petites comme aux plus grandes vitesses, les cinquante-une expériences dont nous venons de faire mention donneraient

$$0^m 00137 \frac{L}{D} (v^2 + 0,055\, v).$$

Équation générale du mouvement de l'eau dans les conduites.

11. La résistance étant représentée par $H - 0,051\, v^2$, on aurait

$$H - 0,051\, v^2 = 0,00137 \frac{L}{D} (v^2 + 0,055\, v).$$

Équation qui servira à déterminer une des quatre quantités v, D, H et L par la connaissance des trois autres ; et cela avec toute l'exactitude et la rigueur que comporte l'état actuel de cette branche des sciences physico-mathématiques.

Expression de la vîtesse.

12. On en déduirait pour la vîtesse

$$v = \frac{0{,}0275\,L}{L+37\,D} + \sqrt{\frac{730\,H\,D}{L+37\,D} + \left(\frac{0{,}0275\,L}{L+37\,D}\right)^2} ;$$

formule trop compliquée pour la pratique ordinaire, et dont l'emploi n'est même requis que dans des cas qu'elle ne présente que rarement, celui des vîtesses au-dessous de 0^m30 ou 0^m40.

13. Dans les autres cas, l'équation ordinaire, $H - 0{,}051\,v^2 = 0{,}001435\,\dfrac{L}{D}\,v^2$ donnera simplement

$$v = 26^m40 \sqrt{\frac{H\,D}{L+36\,D}}.$$

Expression de la dépense.

14. La vîtesse multipliée par la section de la conduite étant égale à la quantité ou au volume d'eau dépensé en une seconde, soit q ce volume, on aura $q = 0{,}785\,D^2 v$ ou

$$q = 20{,}73 \sqrt{\frac{H\,D^5}{L+36\,D}} \text{ mèt. cub.}$$

Si la dépense devait, selon l'usage, être exprimée en pouces ou doubles-modules d'eau et que Q représentât cette dépense, on aurait $Q = 4320\, q$ (n.° 5) ou $Q = 3393\, D^2 v$, ou

$$Q = 89586 \sqrt{\frac{HD^5}{L + 36\,D}} \text{ pouces d'eau.}$$

15. Cette expression peut encore être simplifiée. La longueur des conduites est en général fort grande comparativement à leur diamètre ; presque toujours elle l'est plus de mille fois : alors, le terme $36\,D$ n'est pas les 4 centièmes de L ; en le négligeant dans la valeur de la dépense, où il n'influe que par sa racine carrée, il ne saurait en résulter une erreur de 2 centièmes, et habituellement elle serait bien moindre : cependant, comme elle tendrait à indiquer une plus grande dépense que celle qui aura lieu, et que c'est ce genre d'erreur qu'il faut éviter de préférence dans la pratique, on le préviendra, sauf à s'exposer à pécher quelquefois dans l'autre sens, en diminuant le coefficient de 2 centièmes, et l'on aura définitivement pour formule usuelle.

$$Q = 87749 \sqrt{\frac{HD^5}{L}} \text{ pouces.}$$

Expression du diamètre.

16. D'où on déduit

$$D = 0^m 01054 \sqrt[5]{\frac{L\,Q^2}{H}}.$$

Équation qui servira à déterminer le diamètre à donner à une conduite d'une longueur connue, pour qu'elle débite un certain nombre de pouces d'eau sous une certaine charge.

2. *Conduite composée.*

Nous avons jusqu'ici admis des conduites ayant partout même diamètre, dirigées en ligne droite et entièrement ouvertes à leur extrémité ; mais il n'en est presque jamais ainsi. Elles versent leurs eaux par des ajutages ; elles sont le plus souvent composées de tuyaux de différent diamètre, et presque toujours elles présentent des étranglemens et des coudes plus ou moins considérables.

Trois sortes de résistances.

17. Par suite, et indépendamment de la résistance due à l'action des parois, et dont nous venons de parler, nous aurons

Une résistance provenant des étrangle-

mens, c'est-à-dire, des diminutions, peu étendues en longueur, dans la section de la conduite, et plus généralement dans la section
de la masse fluide en mouvement. Dans ces
parties étranglées, l'eau est obligée de prendre une plus grande vîtesse : pour la lui
donner, il faut une augmentation de force
ou de charge, et cette augmentation ne peut
être faite qu'aux dépens de la portion de
charge destinée à produire la vîtesse de sortie.

Cette portion sera encore diminuée par
l'effet de la résistance des coudes. Tout mo-
bile, à la rencontre d'un obstacle qui l'oblige
à changer de direction, perd une partie de
sa vîtesse ; en conséquence, le changement
de direction occasioné par un coude, fera
perdre au fluide une partie de la vîtesse avec
laquelle il se serait mu dans la conduite, s'il
n'y avait pas eu de coude. Pour qu'il n'y eût
pas de perte, il faudrait et que le coude fût
parfaitement arrondi, et que le fluide, for-
mant une seule masse, en suivît exactement
la courbure : mais l'indépendance des molécules de l'eau fait qu'il ne peut jamais en
être ainsi : il y aura donc toujours diminution dans la vîtesse ou dans la charge qui la
produit.

PROBLÈME A RÉSOUDRE.

Nous allons chercher successivement l'expression de ces trois diminutions, ou, ce qui est la même chose, l'expression des trois charges nécessaires pour vaincre l'effet de chacune des trois sortes de résistances que nous venons de signaler : nous les sommerons; et leur somme, étant retranchée de la charge réelle ou force première, donnera la charge effective, c'est-à-dire, la hauteur due à la vîtesse de sortie. De cette hauteur nous conclurons la dépense.

18. Supposons que nous ayons une conduite composée de tuyaux de différens diamètres, versant toute son eau par un ajutage placé à l'extrémité du dernier tuyau, et présentant divers étranglemens, ainsi que divers coudes.

Soit

d le diamètre de l'orifice de l'ajutage,

h la hauteur ou charge qui y produit l'écoulement,

m le coefficient de contraction convenable à cet orifice,

V la vîtesse due à la hauteur h,

Alors $h = 0{,}051\, V^2$, et

mV sera la vîtesse réelle de sortie.

D le diamètre de la portion de conduite qui porte l'ajutage.

L sa longueur.

v la vîtesse du fluide qui s'y meut.

D', L', et v', les diamètre, longueur et vîtesse pour la partie qui précède immédiatement celle dont D et L sont les dimensions.

D'', L'', et v'', les diamètre, longueur et vîtesse pour une troisième partie, etc.

19. Avant de passer à la détermination des résistances, faisons une remarque sur la vîtesse du fluide dans les diverses parties de la conduite.

Lorsque le débit est réglé et constant, il passe nécessairement, par chacune des sections transversales de la conduite, quelle que soit sa grandeur, un même volume d'eau, dans le même temps : de sorte que là où une section sera plus petite, il faudra que le fluide y passe plus vîte (puisque $Q = SV$, n.° 2); et en général sur une même conduite, les vîtesses, dans ses différentes parties, seront en raison inverse de la section de ces parties.

D'après ce principe,

Si l'on compare la vîtesse dans la partie

de conduite dont le diamètre est D avec la vîtesse de sortie, on aura

$$v : m\,V :: 0{,}785\,d^2 : 0{,}785\,D^2,$$

d'où $v = V\dfrac{m\,d^2}{D^2} = 4{,}43\,\sqrt{h}\,\dfrac{m\,d^2}{D^2};$

on aurait de même

$$v' = 4{,}43\,\sqrt{h}\,\frac{m\,d^2}{D'^2}.$$

Résistance des parois.

20. Suivant ce qui a été dit (n.° 9) sur la résistance ou perte de charge due au frottement des parois, cette résistance sera pour la première partie de la conduite :

$$0^m 001435\,\frac{L}{D}\,v^2 \quad \text{ou} \quad 0{,}02815\,h\,m^2\,d^4\,\frac{L}{D^5},$$

pour la seconde partie : $0{,}02815\,h\,m^2\,d^4\,\dfrac{L'}{D'^5};$ ainsi de suite.

Nommons F, F', F'', etc., les multiplicateurs de h, dans les expressions ci-dessus, nous aurons pour la résistance totale due à l'action des parois de toute la conduite

$$h\,(F + F' + F'' +, \text{etc.}).$$

Résistance des étranglemens.

21. Passons à celle qui concerne les étranglemens.

Ils sont occasionés, soit par le resserrement, sur une petite longueur, du passage de l'eau dans la conduite, soit par le simple effet de la contraction de la veine fluide à l'entrée d'un tuyau d'un plus petit diamètre que le tuyau précédent.

Pour nous faire une idée exacte de la résistance qu'ils produisent, supposons que dans un tuyau de conduite on ait placé transversalement une cloison ou mince platine, percée d'un orifice. Lorsque le fluide en mouvement y parviendra, la veine se contractera, et cette contraction réduira encore la grandeur de l'ouverture ; c'est par l'ouverture ainsi réduite qu'il faudra le forcer à passer, en prenant une vîtesse d'autant plus grande que l'ouverture sera plus petite, et cette vîtesse sera toujours supérieure à celle du fluide dans le tuyau. L'excès de force nécessaire pour produire l'excès de vîtesse, sera l'effet de l'étranglement ; ce sera la résistance qu'il aura opposée et qu'il s'agit de déterminer.

Soit B le diamètre de l'orifice percé dans la cloison, que nous supposerons placée dans le tuyau dont le diamètre est D ; soit encore m' le coefficient de contraction à cet orifice,

Les vîtesses étant en raison inverse des sections des orifices, la vîtesse à l'étranglement sera $V\dfrac{m\,d^2}{m'B^2}$, et la force ou hauteur due à cette vîtesse sera (n.° 1, note 3) $0^{\mathrm{m}}051\ V^2\dfrac{m^2\,d^4}{m'^2B^4}$, ou $h\dfrac{m^2\,d^4}{m'^2B^4}$, puisque $0{,}051\ V^2 = h$ (n.° 18). Mais, dans le tuyau, après la cloison, l'eau conserve une partie de cette vîtesse égale à $V\dfrac{m\,d^2}{D^2}$ (n.° 19); et à laquelle est due une hauteur ou force exprimée par $h\dfrac{m^2\,d^4}{D^4}$: donc l'excès de force dû à l'étranglement sera

$$h\,m^2\,d^4\left(\frac{1}{m'^2B^4}-\frac{1}{D^4}\right).$$

Le fluide, en arrivant à la cloison, avait déjà la vîtesse V, et par conséquent la force nécessitée par l'étranglement, pris isolément, devait être diminuée de la hauteur due à cette vîtesse; mais, comme cette hauteur ou force est aussi anéantie ou changée par l'effet de l'étranglement, elle doit entrer dans les pertes de charge qu'il occasionne. En général, à quelque point d'une conduite que se trouve un étranglement, si K représente la hauteur due à la vîtesse qui lui correspond, k la hauteur due à la vîtesse immédiatement avant, k' celle de la vîtesse dans le tuyau immédiatement après, $K - k$ sera la force exigée par l'étranglement; mais, comme de cette force et de la force k, prises ensemble, il ne restera que k', la perte de force ou de charge occasionée par l'étranglement sera, en définitive, $K - k'$.

La formule ci-dessus servira aussi à corriger l'effet d'un étranglement occasioné par des corps étrangers, pierres, terres, qui seraient entrés dans la conduite : la section du passage laissé libre à l'eau, divisée par o,785, y sera substituée à B^2; puisque cette section égale o,785 B^2.

Au sujet des terres qui auraient pénétré dans une conduite, je remarquerai que si elles y formaient un envasement sur une longueur considérable, on ne serait plus dans le cas d'un simple étranglement : la partie envasée serait considérée comme un tuyau de moindre section, et le calcul de sa résistance serait fait d'après les règles du n.° 20.

22. Les étranglemens dus à la simple contraction de la veine que l'eau éprouve à l'entrée d'un tuyau plus étroit que le tuyau an-

térieur, se corrigent en partie, dans la pratique, en plaçant à la jonction des deux tuyaux une pièce conique ayant autant que possible la forme de la veine contractée (n.° 3). Mais malgré cette précaution on a encore une contraction dont le coefficient est de 0,90 à 0,95 : si m' représente ce coefficient, B étant ici égal à D, on aura pour expression de la résistance

$$h\,\frac{m^2\,d^4}{D^4}\left(\frac{1}{m'^2}-1\right).$$

Lorsque les deux tuyaux sont joints sans évasement intermédiaire, la contraction à l'entrée du tuyau le plus étroit paraît être d'autant moindre que ce tuyau est d'un plus grand diamètre; elle sera en conséquence plus petite que celle qui a lieu à l'entrée de petits ajutages cylindriques, et dont 0,82 est le coefficient. Cependant, pour prévenir tout mécompte dans l'estimation de la résistance, on prendra ce coefficient; et la charge ou hauteur relative à cette résistance sera alors

$$0^m 487\; h\,\frac{m^2\,d^4}{D^4}.$$

C'est près de moitié de la hauteur due à la vitesse dans le tuyau.

Nous remarquerons ici que les charges nécessaires pour imprimer les vîtesses dans les tuyaux ne doivent pas être comprises dans les déductions à faire à la charge réelle pour en conclure la charge effective, ou hauteur due à la vîtesse de sortie : elles sont autant en moins de la force h qu'il eût fallu pour produire cette vîtesse, si le fluide eût été en repos devant l'orifice de sortie. Mais, pour qu'il en soit ainsi, il faut que les vîtesses une fois imprimées se conservent jusqu'à cet orifice, et, par conséquent, que les diamètres des diverses parties d'une conduite, lorsqu'ils ne sont pas égaux, aillent graduellement en décroissant. En effet, si, entre deux tuyaux, il s'en trouvait un plus large, l'eau, en s'y répandant, perdrait une portion de sa vîtesse ; pour la lui rendre à l'entrée du tuyau subséquent, il faudrait un nouvel effort ou une nouvelle consommation de force. Ainsi, une suite de renflemens notables, dans une conduite, y produirait en quelque sorte l'effet d'une suite d'étranglemens.

23. Revenons à l'expression générale du n.° 21. Nommons E la quantité qui y multiplie h, E' celle qui multiplierait cette même hauteur pour un second étranglement, ainsi

de suite. L'expression de la résistance totale
due aux étranglemens sera

$$h\ (E + E' + E'' + , \text{ etc.}).$$

Résistance due aux coudes.

24. Reste à déterminer la résistance des
coudes.

Dans cette détermination, les coudes seront
représentés par les angles d'incidence ou de
réflexion du filet fluide, placé à l'axe de la
conduite, allant frapper et se réfléchir sur la
partie concave du tuyau coudé.

Lorsque le coude est brusque, ou plutôt
faiblement arrondi (car on doit éviter ceux
qui forment des angles proprement dits), et
qu'il n'y aura ainsi qu'une seule réflexion,
son angle sera la moitié du supplément de
l'angle du coude; c'est-à-dire de l'angle formé
par le prolongement des deux parties recti-
lignes de la conduite adjacentes au coude.

Si le coude est arrondi en arc de cercle
sur une longueur notable, il y aura plusieurs
réflexions égales; et l'angle de réflexion aura
pour sinus-verse le demi-diamètre intérieur
de la conduite, le rayon étant celui de l'arc
de cercle au coude : ainsi, ce demi-diamètre
divisé par ce rayon donnera le sinus-verse

3

des tables, et fera connaître l'angle de réflexion. (On voit par là que l'angle sera
d'autant plus petit, et par suite la résistance
d'autant moindre, que le rayon du coude
sera plus grand.) Le nombre d'angles de réflexion sera égal au nombre de degrés de
l'arc du coude (supplément de l'angle de
coude), divisé par le double de l'angle de
réflexion : le quotient sera pris en nombre
rond.

25. Cela posé, soit

S^2 la somme des carrés des sinus des angles
de réflexion qui ont lieu à tous les coudes
d'une conduite de même diamètre.

v la vîtesse de l'eau dans cette conduite.

On a, d'après les expériences de Dubuat,
pour expression de la résistance particulière
aux coudes

$$0^m0123\ S^2\ v^2.$$

Pour la partie de notre conduite dont le
diamètre est D, en se rappelant que

$$v = 4{,}43\ \sqrt{h}\ \frac{m\,d^2}{D^2}\ (\text{n.}^\circ\ 19),\ \text{on aura}$$

$$0^m2413\ h\ S^2\ \frac{m^2\,d^4}{D^4}.$$

Nommons C le multiplicateur de h, C' celui
de cette même hauteur dans la partie de la

(35)

conduite qui a D' pour diamètre, etc., la résistance totale due aux coudes sera exprimée par

$$h \; (C + C' + C'' +, \text{etc.}).$$

Perte totale de charge.

26. Sommant les trois sortes de résistance, ou les trois pertes de charge qu'elles occasionnent, nous aurons pour perte totale

$$h \; (F + F' + E + E' + C + C' +, \text{etc.}).$$

Hauteur due à la vîtesse de sortie.

27. La somme de ces pertes de charge, plus la charge ou hauteur h, qui reste pour produire la vîtesse de sortie, devant égaler la charge réelle H, on aura

$$H = h \, (F + F' + E + E' + C + C' +, \text{etc.}) + h,$$

d'où

$$h = \frac{H}{F + F' + F'' + E + E' + C + C' +, \text{etc.} + 1}$$

Dépense.

28. Cette valeur de h, mise dans l'expression de la dépense portée au n.° 4, donnera le nombre de mètres cubes d'eau écoulés par seconde.

Mise dans l'expression, $Q = 15028\, m\, d^2 \sqrt{h}$, du n.° 5, elle donnera la dépense en pouces d'eau ou doubles-modules.

29. Dans la solution du problème qui nous a occupés depuis le n.° 18, on a supposé que la conduite versait toute l'eau qu'elle menait depuis son origine, par l'ajutage adapté à son extrémité. Mais, presque toujours, il est fait, le long de la conduite, des prises d'eau qui diminuent la quantité sortie par l'ajutage. Ce nouvel état de choses compliquera un peu la solution, sans lui ôter ni sa facilité, ni son exactitude.

On divisera toujours la conduite en autant de parties qu'il y aura de diamètres différens; puis, on subdivisera chacune de ces parties en autant de portions plus une qu'il y aura sur elle de prises d'eau, de manière à ce que chaque portion mène une même quantité d'eau. On calculera, d'après les règles que nous avons données, chacune des trois sortes de résistance pour chacune des portions; on sommera toutes ces résistances, on les retranchera de la charge réelle au-dessus de l'orifice extrême, et le reste sera la hauteur due à la vîtesse de sortie par cet orifice, hauteur d'où l'on déduira la dépense.

Comme dans ce nouveau problème on connaîtra la quantité d'eau que mène ou que doit mener chaque portion de conduite, le calcul sera plus simple et plus direct en introduisant cette quantité de préférence à la vîtesse dans les diverses expressions de la résistance.

Puisque $Q = 3393\, D^2 v$ ou $v = 0{,}0002947 \dfrac{Q}{D^2}$ (n.° 14), ces expressions deviendront, pour la résistance due à l'action des parois,

habituellement..... (n.° 9) $\quad 0{,}00000000001247 \dfrac{L}{D^5} Q^2,$

lorsque $Q < 1600\, D^2$ (n.° 10) $\quad 0{,}00000000001190 \dfrac{L}{D^5} (Q^2 + 187\, Q\, D^2)$;

la résistance due aux étranglemens (n.° 21),

$$0{,}000000004428\, Q^2 \left(\frac{1}{m'^2 B^4} - \frac{1}{D^4} \right);$$

la résistance due aux coudes (n.° 25),

$$0{,}000000001068\, S^2\, \frac{Q^2}{D^4}.$$

3. *Jets d'eau.*

Hauteur des jets verticaux.

30. Dans les jets d'eau, la charge *réelle H* sera la différence de niveau entre l'eau sur la tête de la conduite et l'orifice de l'ajutage;

et la charge *effective* h, ou hauteur due à la vîtesse avec laquelle le jet tend à sortir, sera donnée par la formule du n.° 27.

Si l'orifice est simplement percé dans une mince paroi, l'eau sortant avec toute la vîtesse due à la hauteur h, le jet devrait en principe s'élever jusqu'à cette hauteur : mais la résistance de l'air, la chute des couches supérieures de la colonne fluide sur les couches inférieures, la division du jet, surtout s'il est grêle et qu'il sorte avec une grande vîtesse, etc., diminueront la hauteur d'une petite quantité, qui peut aller à 5 et 6 centièmes, même dans des jets ordinaires, et qui ne saurait être soumise au calcul.

Si le jet sort par un ajutage cylindrique, la vîtesse à la sortie n'étant plus que les 0,82 de la vîtesse due à la hauteur h, et les hauteurs étant comme les carrés des vîtesses (n.° 1, note 3), l'élévation du jet ne sera que 0,67 h.

Enfin, si l'ajutage est conique, le coefficient de contraction ou de diminution de vîtesse variant de 0,85 à 0,95 (n.° 3), suivant le degré d'évasement, les hauteurs, qui sont comme les carrés de ces nombres, varieront de 0,72 h à 0,90 h.

Hauteur et portée des jets inclinés.

31. Si l'on incline l'ajutage, le jet décrira une parabole. Nommant a l'angle d'inclinaison, celui que l'ajutage fait avec l'horizon, et h' la hauteur à laquelle le jet se fût élevé verticalement, et dont nous venons de donner la valeur pour les diverses espèces d'ajutages, on aura, par suite des propriétés de la courbe susmentionnée,

Pour la hauteur du jet . . . . $h' \sin^2 a$

Pour la *portée* ou *amplitude du jet* (distance horizontale à laquelle il parviendra) . . . . $2h' \sin. 2a$

Ici encore les hauteurs et les portées éprouveront une légère diminution due aux causes indiquées au numéro précédent, ainsi qu'à une trop grande longueur de l'ajutage.

EXEMPLES.

I.

On a une conduite composée de trois parties différentes en diamètre :

La première a,	en diamètre	$\overset{m}{0{,}27} = D$	
	en longueur.......	$605{,}26 = L$	
La seconde,	en diamètre	$0{,}16 = D'$	
	en longueur.......	$32{,}65 = L'$	
La troisième,	en diamètre.......	$0{,}10 = D''$	
	en longueur.......	$6{,}74 = L''$	

La première, adaptée à un réservoir qui fournit une quantité d'eau indéfinie, est verticale sur une longueur de 16 mètres; elle se recourbe ensuite, et se poursuit horizontalement. La seconde est horizontale : et la troisième verticale.

Cette dernière porte, à son extrémité supérieure, une platine percée d'un orifice dont le diamètre est .... $0{,}08 = d$

Le coefficient de contraction de la veine fluide sera donc ici.............. $0{,}62 = m$

(41)

La différence de niveau entre l'orifice et l'eau dans le réservoir ou la charge réelle sur l'orifice est de.............. $\overset{m}{3,97} = H$

A l'entrée de la première conduite se trouve (momentanément) un bout de tuyau d'environ un décimètre de long et d'un diamètre, de................. $0,21 = B$

Le coefficient de contraction sera ici.. $0,82 = m'$

A l'entrée de la seconde et de la troisième, l'orifice est évasé, ce qui diminue beaucoup la contraction de la veine. Cependant, pour prévenir tout mécompte, nous porterons le coefficient de contraction à .... $0,90 = m''$

La première conduite présente sept coudes de $100°$, $120°$, $149°$, $160°$, $167°$, $157°$ et $140°$. Chacun peut être regardé comme ne donnant lieu qu'à une seule réflexion (n.° 24). La somme des carrés des sinus de sept angles de réflexion sera........................ $0,9342 = S^2$

A la seconde conduite on n'a qu'un coude de $105°$; il est bien arrondi, et donne lieu à deux réflexions de $18° \frac{3}{4}$, ainsi .... $0,2066 = S'^2$

On demande la quantité d'eau sortie par l'orifice de la platine?

On aura, d'après les données ci-dessus,

$$F = 0{,}02815\ L\ \frac{m^2\,d^4}{D^5}\ (\text{n.}^\circ\ 20) = \dots\qquad 0{,}18697$$

$$F' = idem = \dots\dots\dots\dots\dots\dots\qquad 0{,}13802$$

$$F'' = idem = \dots\dots\dots\dots\dots\dots\qquad 0{,}29867$$

$$E = m^2\,d^4 \left(\frac{1}{m'^2 B^4} - \frac{1}{D^4}\right)(\text{n.}^\circ\ 21) = \dots\qquad 0{,}00908$$

$$E' = \frac{m^2\,d^4}{D^4}\left(\frac{1}{m''^2} - 1\right)(\text{n.}^\circ\ 22) = \dots\qquad 0{,}00563$$

$$E'' = idem = \dots\dots\dots\dots\dots\dots\qquad 0{,}03693$$

$$C = 0{,}2413\ \frac{m^2\,d^4}{D^4}\ S^2\ (\text{n.}^\circ\ 25) = \dots\qquad 0{,}00067$$

$$C' = idem = \dots\dots\dots\dots\dots\dots\qquad 0{,}00120$$

$$\overline{F + F' + F'' + E + E' + E'' + C + C'} = \qquad 0{,}67717$$

La hauteur due à la vîtesse de sortie sera $\frac{3{,}97}{1{,}67717}$ (n.$^\circ$ 27) $= 2^m 367$. Cette hauteur, mise dans l'expression de la dépense (n.$^\circ$ 5), donnera $91{,}74$ pouces d'eau.

L'exemple que nous venons de donner, pris de la fontaine située sur la place de la Trinité, à Toulouse, montre

1.$^\circ$ Que les coudes, même lorsqu'ils sont assez forts, ne produisent qu'une résistance presque insensible;

2.$^\circ$ Que l'effet des étranglemens, bien que plus considérable, est encore petit.

Non sans quelque surprise, on verra, dans cet exemple, un tuyau de $6^m 74$ de long offrir une résistance plus considérable qu'une conduite de 605 mètres : c'est l'effet d'une plus grande vîtesse ou d'un moindre diamètre.

Toutes choses égales d'ailleurs, les résistances sont en raison inverse des cinquièmes puissances des diamètres : ici les diamètres étant comme 10 à 27, les résistances, à même longueur, seraient comme 144 à 1.

II.

La même conduite et fontaine fournira notre second exemple.

On a versé 97,05 pouces d'eau dans la conduite de $0^m 27$ de diamètre. A $460^m 30$ de l'origine, on en a pris 1,84 ; à $43^m 50$ on en a pris encore 3,13. De l'extrémité de cette conduite, 21,89 pouces ont été envoyés dans une conduite particulière ; de sorte qu'il n'est entré que 70,17 pouces dans celle de $0^m 16$ de diamètre et de $32^m 65$ de long ; et il n'en est monté que 57 au sommet de la fontaine par le tuyau de $0^m 10$ de diamètre et de $6^m 74$ de long.

On demande à quelle hauteur s'élèvera le jet sortant de ce sommet ?

Nous avons ici trois conduites différentes en diamètre, et sur celle de $0^m 27$ il y a deux prises d'eau. Ainsi, conformément à ce qui a été dit au n.° 29, nous supposerons cette conduite divisée en trois portions : l'une conduisant 97,05 pouces d'eau, la seconde 95,21, et la troisième 92,08. Les longueurs respectives de ces portions sont $460^m 30$, $43^m 50$ et $101^m 46$.

D'après ces données et celles que nous avons indiquées dans l'exemple précédent sur les orifices et les coudes

des conduites, ainsi que d'après les formules portées au n.° 29, nous conclurons, pour chacune des conduites et portions de conduites, d'abord la résistance due à l'action des parois, puis celle provenant des étranglemens, et finalement celle des coudes.

Nous remarquons, au sujet de la première espèce de résistance, que, dans la conduite de 0^m27, 1600 fois le carré de ce diamètre, c'est-à-dire 116, est plus grand que 97, ou nombre de pouces d'eau à conduire, et qu'en conséquence on doit employer la formule indiquée pour ce cas. On emploiera la formule ordinaire pour les conduites de 0^m16 et de 0^m10.

Suit le tableau des résistances ou des portions de charge qu'elles ont absorbées.

Résistance due à l'action des parois.	conduite de 0,27 .	$0,4099$ $0,0819$ $0,0374$	$0,5292^m$	$0,9936^m$
	conduite de 0,16.		$0,1913$	
	conduite de 0,10.		$0,2731$	
Résistance due aux étranglemens.	à l'entrée de la conduite de	0,27 0,16 0,10	0,0241 0,0078 0,0338	0,0657
Résistance due aux coudes.	à la conduite de..	0,27 0,16	0,0018 0,0017	0,0035

Résistance ou perte totale de charge. 1,0628

Retranchant cette perte de la charge réelle. 3,97

Il restera pour charge effective produisant le jet 2,91

Dans une suite d'expériences faites avec soin, et qui sont l'objet d'un mémoire particulier, nous avons trouvé que le jet s'élevait à. 2,83

Différence. 0,08

(45)

Cette différence, qui n'est pas de 3 pour cent, est insignifiante ; d'ailleurs, ainsi que nous l'avons remarqué au n.° 30, la hauteur d'un jet est toujours un peu moindre que la charge effective qui le produit.

III.

Soit un système de conduites versant, par l'extrémité de ses ramifications, 205 pouces d'eau ; le tronc ou tuyau principal, qui reçoit l'eau d'un réservoir entretenu constamment plein, a 1173 mètres de longueur et $0^{m}30$ de diamètre : sur une de ses branches, menant 60 pouces d'eau, ayant $0^{m}18$ de diamètre, et à 184 mètres de son origine, on veut établir une prise d'eau de 12 pouces, la conduire à 750 mètres de distance, et l'y verser à $5^{m}27$ au-dessous du niveau du réservoir.

On demande quel doit être le diamètre de cette conduite ?

La charge, d'après ce que nous venons de dire, sera de . . . $5{,}27^{m}$

Voyons ce qu'il en restera pour donner à l'eau, dans la nouvelle conduite, la vitesse convenable. À cet effet, déterminons les portions de charge absorbées par la résistance de deux parties de conduite antérieures.

Pour la première, celle qui a $0^{m}30$ de diamètre, 1173 mètres de long, et qui doit mener $205 + 12$ pouces d'eau, la résistance sera (n.° 29) $= 0{,}000\,000\,000\,1247\,\dfrac{LQ^{2}}{D^{5}} = $ . . . . $2{,}835^{m}$

Pour la seconde, où $D = 0^{m}18$, $L = 184$ et $Q = 60 + 12$, on aura . . . . $0{,}630$

Perte totale . . . . $3{,}465$

Laquelle, retranchée de 5^m27, donnera pour la conduite à

établir . . . . : . . . . $1,8o5$

Sous une telle charge, le diamètre cherché sera (n.º 16).. $0,o951$

Pour tenir compte de légers étranglemens ou coudes, on le

portera à . . . . $0,10$

Nous supposons ici, comme dans tout ce Traité, que les conduites sont tenues avec soin et libres de tout corps étranger. Cependant, si on mettait à l'épreuve la plupart de celles qui sont posées depuis long-temps, peut-être en trouverait-on plusieurs qui, par suite de l'introduction de tels corps, ne versent pas la moitié de l'eau qu'elles devraient fournir, et que, terme moyen, elles n'en donnent guère que les deux tiers. Admettant, en conséquence et en général, une diminution d'un tiers, on la préviendrait dans une conduite projetée, en augmentant des $\frac{18}{100}$ le diamètre déduit de la formule ci-dessus, et par suite, dans notre exemple, il serait porté à . . . . 0^m118.

Au reste, nous ne donnons pas cette augmentation comme une règle à suivre : ce sera à l'ingénieur à se diriger, dans les divers cas, d'après les chances d'envasement résultant des localités. Par-dessus tout, il devra prévenir l'effet de ces chances, en assurant des moyens aussi faciles que possible de nettoyer ses conduites, par exemple, en établissant à leurs points les plus bas, ou au sommet de leurs angles inférieurs, de petites caisses portant une tubulure et un robinet de décharge : tout comme il établirait, au sommet des angles supérieurs, des évents ou ventouses, qui laisseraient une issue à l'air que l'eau amène avec elle.

IV.

On veut établir un jet d'eau de 50 pouces à 1776 mèt. de distance d'un bassin recevant un cours d'eau suffisant, et à $9^m 87$ au-dessous du niveau du bassin; on veut qu'il s'élève à une hauteur de $7^m 50$.

On demande le diamètre de la conduite, et celui de l'orifice de sortie.

Vu les obstacles qu'on ne peut soumettre au calcul, et qui diminuent toujours un peu la hauteur des jets, nous supposerons que celui-ci doit s'élever à 8 mètres de hauteur.

Ainsi, de la charge $9^m 87$ il doit rester 8 mètres pour charge effective; il faut, en conséquence, donner au diamètre de la conduite une grandeur telle que la portion de charge absorbée par la résistance ne soit que de $9^m 87$ — $8^m 00$, ou de $1^m 87$, c'est-à-dire, qu'il faut qu'on ait

$$1^m 87 = 0,000\,000\,000\,1247\,\frac{LQ^2}{D^5}\ (\text{n.}^{os}\ 9\ \text{et}\ 29),$$

d'où $D = \sqrt[5]{0,000\,000\,000\,1247\,\dfrac{LQ^2}{1,87}} = 0^m 1970.$

La quantité d'eau conduite étant petite par rapport au diamètre des tuyaux, il y a lieu dans ce cas à se servir, au lieu de l'expression ci-dessus de la résistance, de l'expression plus générale

$$1^m 87 = 0,000\,000\,000\,119\,\frac{L}{D^5}\,(Q^2 + 187\,QD^2)$$

(n.º 29); on y mettra pour D, dans le terme $187\,QD^2$, la valeur que nous venons de trouver, et ce terme devenant alors 362, nous aurons définitivement

$$D = \sqrt[5]{0,000\,000\,000\,119\,\frac{L(Q^2+362)}{1,87}} = 0^{m}2004$$

Pour prévenir tout mécompte, on portera ce diamètre $0^{m}21$.

Les orifices percés en minces parois étant ceux qui donnent les plus grandes hauteurs, hauteurs peu différentes des charges effectives, nous ouvrirons le nôtre dans une mince platine en lui donnant pour diamètre

$$\sqrt{\frac{50}{15028 \times 0,62 \times \sqrt{8}}} \quad (\text{n.}^{\circ}\ 5) = \ldots\ 0^{m}0436$$

V.

A un point d'une conduite déjà établie, où la charge est de $3^{m}40$, on adapte une nouvelle conduite de 431 mètres de long, et de $0^{m}05$ de diamètre. Son extrémité est de $3^{m}90$ plus basse que son origine; elle fait sept coudes : deux de 90°, un de 120°, un de 135°, deux de 150°, et un de 165°. Ces coudes sont arrondis en arcs de cercle, dont le rayon est de $3^{m}80$.

On demande quel peut être le débit de cette conduite?

Sa charge sera $3^{m}40 + 3^{m}90$ ou..... $7^{m}30$

Déterminons d'abord la résistance due aux nombreux coudes. Comme cette détermination exige que l'on connaisse la vîtesse de l'eau dans la conduite, nous la conclurons, d'une manière approximative, de la formule n.° 13; elle donnera . . . . $0^m 767$

Les sept arcs de coudes, ou les supplémens des sept angles ci-dessus, formeront une somme de . . . . 360^0

Le sinus-verse de l'angle de réflexion sera

(n.° 24) $\dfrac{0,025}{3,80} = $ . . . . $0,00658$

Par suite, le cosinus $= 1 - 0,00658 = $ $0,9934$

Lequel appartient à un angle de . . . . . . $6^0 35$

Le nombre d'angles de réflexion sera $\dfrac{360}{13^0 10}$

$= 27,3$; mettons 30

La somme des carrés des sinus des trente angles sera $(0,1147)^2 \times 30 = $ . . . . $0,394$

Ainsi, pour la résistance due aux coudes on aura (n.° 25) $0,0123 \times 0,394 \times (0,767)^2 = $ . . . . $0^m 00286$

Pour la résistance produite par l'étranglement, ou contraction de la veine fluide, qui a lieu à l'entrée de la conduite, contraction dont le coefficient, vu l'évasement de cette entrée, sera $0,90$, on aura $0^m 051 \times (0,767)^2$

$\left(\dfrac{1}{0,81} - 1 \right)$ (n.°^{s} 21 et 22, où $md^2 = D^2$),

ou . . . . $0^m 00703$

Retranchant ces deux pertes de charge ,
$0^m 00286$ et $0^m 00703$, de la charge réelle,
$7^m 3o$, il restera pour charge destinée à vaincre la résistance des parois et à produire
l'écoulement. . . . . $7^m 29o$

Sous une telle charge la formule rigoureuse
du n.° 12 indiquera une vîtesse de. . . . . . $0^m 757 1$

Cette vîtesse, multipliée par la section de
la conduite et par $432o$, donnera pour la
dépense cherchée. . . . . $6,422$ pouces.

VI.

Du renflement d'une conduite il part deux files de
tuyaux parallèles, qui ont $0^m 16$ de diamètre et $287^m o5$
de long, et qui aboutissent à la boîte d'un jet d'eau. Cette
boîte porte 17 ajutages ou orifices équivalant en surface
à un orifice de $0^m 04025$ de diamètre; le coefficient
de contraction y serait d'environ $0^m 8o$: à l'entrée des
tuyaux, il serait de $0^m 85$. Sa charge réelle, prise à l'origine de la double conduite, est de $7^m 19$.

On donne l'eau à la boîte du jet, tantôt par une seule
file de tuyaux, tantôt par les deux; et l'on demande
quelle doit être, dans les deux cas, la hauteur du jet
et la dépense ?

Lorsque l'eau n'est donnée que par une conduite, on
aura

(51)

$$F = 0,02815 \times 287,05 \frac{0,8^2 \, (0,04025)^4}{(0,16)^5} \; (\text{n.}^\circ \, 20) = 0,1295$$

$$E = \frac{0,8^2 \, (0,04025)^4}{(0,16)^4} \left(\frac{1}{(0,85)^2} - 1 \right) (\text{n.}^\circ \, 22) = 0,0010$$

Par conséquent la hauteur due à la vitesse de

sortie sera $\dfrac{7,^19}{F + E + 1}$ (n.° 27) = ... 6^{m}36

Une expérience faite au jet en question situé sur la place Bourbon, à Toulouse, m'a donné, pour hauteur du jet.............................. 5 83

Différence.......... 0 53

Lorsque l'eau est fournie par les deux conduites, l'élévation du jet sera évidemment la même que si l'eau n'était fournie que par une seule conduite, mais qu'alors l'orifice de sortie fût moitié moindre en surface. Cet orifice se trouvant à la deuxième puissance, dans les valeurs de F et de E, ces valeurs seront le quart de celles qu'on a obtenues ci-dessus, et l'on aura pour la hauteur due à la vitesse de sortie................. 6^{m}96

L'expérience m'a donné pour l'élévation du jet............................ 6 55

Différence....... 0 41

D'après ce qui a été remarqué au n.° 30, et surtout si l'on observe que notre jet, se divisant vers sa partie supérieure, n'atteignait pas toute son élévation, on trouvera assez naturel qu'elle ait été de 6 et 9 pour cent moindre que la hauteur due à le vitesse de sortie, et, en définitive, nos expériences confirment plutôt qu'elles n'infirment la théorie d'où on a conclu cette hauteur.

Quant à l'anomalie que présentent les deux différences ($0^m 41$ et $0^m 53$), elle n'est très-vraisemblablement qu'une suite des erreurs de l'observation. Il est impossible de prendre avec exactitude les hauteurs d'un jet élevé, et nous ne saurions répondre des nôtres à un et même à un et demi décimètre près.

La dépense, déduite des charges données par le calcul, sera pour le cas d'une seule conduite de (n.° 5) $49,1^{pouc}$ pour le cas des deux .... $53,4$

De sorte qu'en envoyant, par deux conduites égales à un orifice toute l'eau qu'il peut dépenser sous une certaine charge, on a eu, ici, un débit d'environ 5 pour cent plus considérable que lorsqu'on a donné l'eau au même orifice et sous la même charge par une seule conduite. Ce résultat de la théorie, comme de l'expérience, met en pleine évidence l'effet de la résistance des parois des tuyaux, et il en fait apprécier la grandeur.

FIN.